8

AF901094

CÁLCULO

VISUAL·MENTE

ANAYA

CÁLCULO

VISUAL MENTE

Activa tu mente para…

- Visualizar las matemáticas.
- Recordar métodos de cálculo que ya conoces y aprender otros nuevos.
- Trabajar las matemáticas desde diferentes perspectivas.
- Adquirir soltura al hacer las operaciones.
- Utilizar materiales para aprender.
- Disfrutar con juegos matemáticos.
- Desarrollar tu creatividad.

1

¡Saca la foto!

En estas páginas te presentamos métodos de cálculo de forma visual. Presta atención a las imágenes y prepárate para practicar.

3

¡A inventar!

Nosotros te daremos algunas pistas y tú pondrás la creatividad inventando problemas.

4

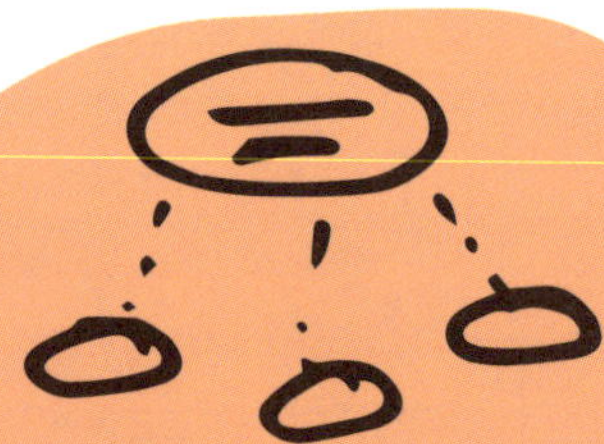

Mapa visual

En estas páginas tendrás que completar un esquema de lo que has practicado.

Toma otro camino

Aprende a calcular desde otra perspectiva. En estas páginas ampliarás tus horizontes matemáticos.

No te despistes

En esta sección debes tener presente que distintos métodos de cálculo pueden conducir a los mismos resultados. Las matemáticas pueden tener aspectos muy distintos.

2

Coge el lápiz

Aquí encontrarás los ejercicios con los que ponerte manos a la obra. Sigue la secuencia que proponemos para dominar el método de cálculo planteado.

Toca las mates

Te proponemos que utilices regletas, palillos y otros materiales para practicar con los números y las operaciones. Las matemáticas también se trabajan con las manos.

Zona de juegos

Agudiza tu ingenio y tómate un respiro con los diferentes juegos que proponemos.

1 ¿Qué es dividir?

Dividir es repartir en partes iguales

Dividendo (D)
Cantidad que se reparte.

Resto (r)
Cantidad que sobra.

13	4
1	3

Divisor (d)
Entre cuántos se reparte.

Cociente (c)
Cantidad que le corresponde a cada uno.

División inexacta: El resto es diferente de 0.

División exacta: El resto es 0.

La división también puede indicarse con dos puntos:
13 : 4

1 Expresa estos repartos como una división.

Repartir 16 caramelos entre 4 amigas.

Repartir 21 coches de juguete entre 7 niños.

Repartir 12 chapas entre 6 niñas.

2 Coloca y resuelve las siguientes divisiones:

Dividendo: 30 Divisor: 5	Dividendo: 63 Divisor: 9	Dividendo: 54 Divisor: 6	Dividendo: 28 Divisor: 4

3 Realiza las divisiones y escribe en los recuadros sin son exactas o inexactas.

19 : 6	24 : 8	49 : 7	37 : 6

Zona de juegos

Encuentra el camino hacia la canasta.

4 Relaciona cada división con su cociente. Indica también si son exactas o inexactas.

5	36 : 5	
7	56 : 7	Exacta
8	55 : 9	Inexacta
6	20 : 4	

5 Completa los huecos de estas divisiones.

85 | ☐ ☐ 9	41 | 8 ☐ ☐	79 | ☐ 7 9
54 | 7 ☐ ☐	23 | ☐ 2 7	61 | ☐ ☐ 8

6 Completa la tabla.

Dividendo	Divisor	Cociente	Resto
57	8		
19	2		
78	9		

- Inventa un problema que se resuelva con la operación dada.

Datos:

60 | 7

Solución:

Me pongo a prueba

- Colorea de verde lo que hayas hecho muy bien, de amarillo lo que hayas hecho bien y de rojo lo que puedas hacer mejor.

  - ◯ Conozco el concepto de división.
  - ◯ Resuelvo divisiones con dos cifras en el dividendo.
  - ◯ Diferencio entre divisiones exactas e inexactas.
  - ◯ Invento y resuelvo problemas dada la operación.
  - ◯ Realizo los ejercicios propuestos sin ayuda.

2 División: divisor de una cifra (números de hasta seis cifras)

194 733 : 2

PASO 1 Divide 19 entre 2.

CM	DM	UM	C	D	U	
1	9	4	7	3	3	2
	1					9

Resto (1) — Cociente (9)

PASO 2 Baja el 4 y repite con el resto de cifras.

CM	DM	UM	C	D	U	
1	9	4	7	3	3	2
	1	4				97366
		0	7			
			1	3		
				1	3	
					1	

El cociente de **194 733 : 2** es 97 366 y el resto es 1.

1 Realiza estas divisiones.

841599 | 9

740123 | 8

138542 | 2

639646 | 5

2 Une cada división con su cociente y con su resto.

9918	38 143 : 4	3
31 251	69 432 : 7	4
9535	51 972 : 8	1
6496	93 754 : 3	6

3 Resuelve estas divisiones, observa los restos y completa la frase.

574329 | 6

839742 | 2

416834 | 5

749782 | 3

El resto de una división siempre es .... que el divisor.

4 Colorea de rojo las divisiones exactas y de verde las inexactas. Luego, ordena los cocientes de mayor a menor.

59437 | 7	91498 | 8	17439 | 5	77466 | 6
12430 | 5	65426 | 3	94823 | 6	21336 | 6

.... > .... > .... > .... >

> .... > .... > .... > ....

Zona de juegos

- ¿Cómo medirías 2 litros de agua si tienes una garrafa de 5 litros y una jarra de 3 litros?

....

....

Toma otro camino

- Dividimos con bloques de base 10.

148 : 3

PASO 1

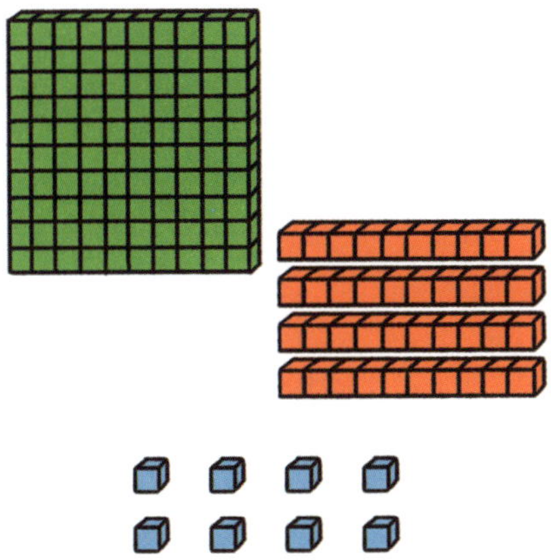

Representamos el 148.

PASO 2

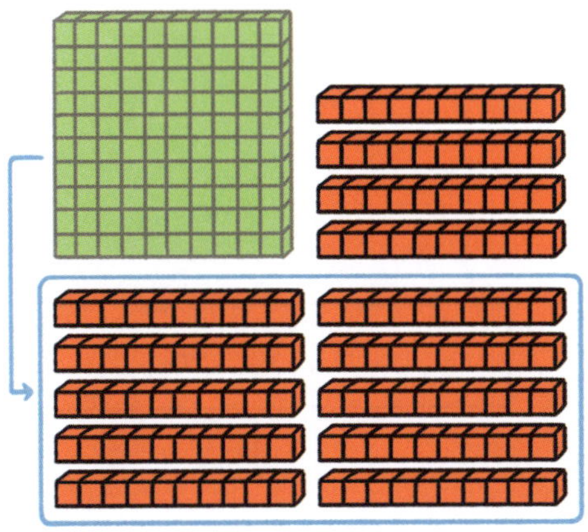

Como 1 < 3, cambiamos 1 centena por 10 decenas.

PASO 3

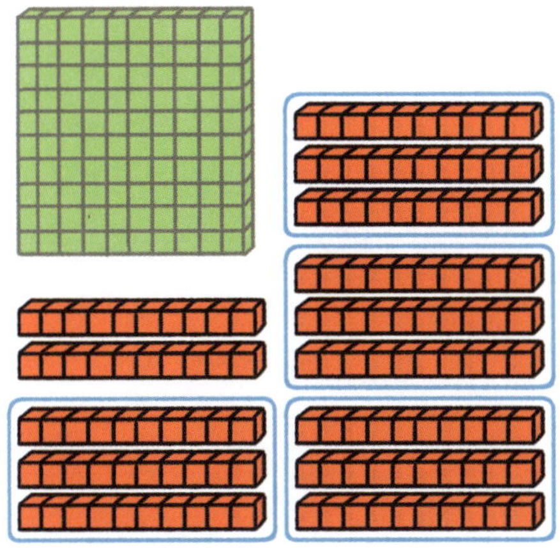

Dividimos las decenas en 4 grupos de 3. Nos sobran 2.

PASO 4

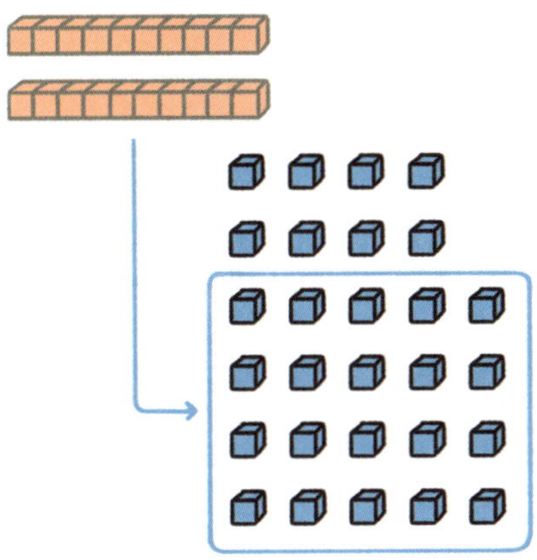

Cambiamos cada decena que ha sobrado por 10 unidades.

PASO 5

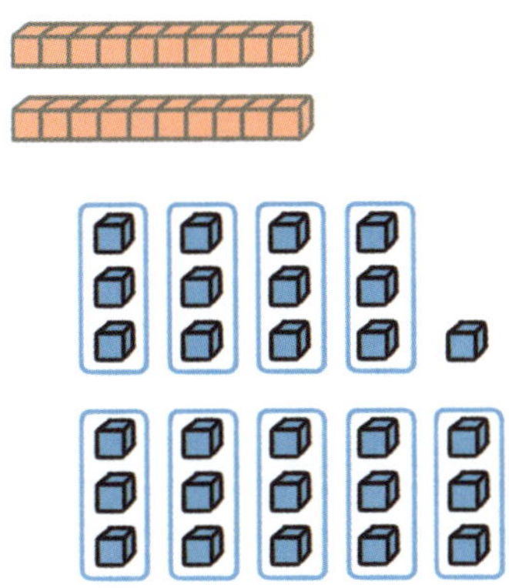

Dividimos las unidades en 9 grupos de 3. Sobra 1.

Resultado final:

Cociente = 4 9

Resto = 1

- Utiliza los bloques de base 10 para resolver las divisiones.

497 : 5 → Cociente: ____ Resto: ____ **199 : 7** → Cociente: ____ Resto: ____

5 Coloca y divide.

46 671 : 3	70 295 : 2	81 362 : 7
425 964 : 9	307 543 : 6	88 356 : 5

No te despistes

- Divide con los bloques de base 10 y con el método tradicional. Comprueba que los cocientes y los restos coinciden.

254 : 3

Cociente: ______ Resto: ______

- Inventa un problema con los siguientes datos y que se resuelva con una división.

Datos:

3 ordenadores.

4 596 euros.

Solución:

Me pongo a prueba

- Colorea de verde lo que hayas hecho muy bien, de amarillo lo que hayas hecho bien y de rojo lo que puedas hacer mejor.

○ Realizo divisiones con 1 cifra en el divisor.

○ Utilizo los bloques de base 10 para realizar divisiones.

○ Invento y resuelvo problemas dados los datos.

○ Realizo los ejercicios propuestos sin ayuda.

3 Prueba de la división

Una división está bien hecha si:

Dividendo = cociente × divisor + resto

Podemos escribir:
D = c × d + r

1 Fíjate en esta división:

```
8 7 3 | 7
1 7     124
  3 3
    5
```

Es correcta porque:

124 × 7 = 868

868 + 5 = 873 es el dividendo

2 Pero, por ejemplo:

```
8 7 3 | 7
1 7     124
  3 3
    6
```

No es correcta porque:

124 × 7 = 868

868 + 6 = 874 no es el dividendo

1 Realiza las divisiones y comprueba que son correctas.

87 351 : 6 → Prueba

24 566 : 4 → Prueba

2 Estas divisiones son incorrectas. Hazlas bien y tacha los fallos.

    7 8 4 1 3 |9
      6 4   8612
        1 1
          2 3
            4

    8 4 2 9 1 |6
    2 4   14148
      0 8
        2 9
          5 1
            3

    1 4 5 6 3 |3
      2 5   4855
        1 6
          1 3
            2

3 Haz las siguientes divisiones y comprueba los resultados.

167 886 : 9 226 293 : 3 579 498 : 6 175 792 : 4

Pruebas:

4 Fíjate en los resultados del ejercicio anterior y completa.

…… × 9 = 167 886

…… × 3 = 226 293

…… × 6 = 579 498

…… × 4 = 175 792

5 Escribe con letras el cociente de las siguientes divisiones:

67494 | 3

99456 | 4

....

....

....

....

....

....

45324 | 3

76323 | 4

....

....

....

....

....

....

Zona de juegos

- Resuelve este cuadrado mágico.

Suma mágica → 20

3	5		5
	6	3	
3		5	4
10		5	

Toma otro camino

691 : 5

- Dividimos con el método ABN.

En esta columna, las partes que dividimos. Tienen que ser números que puedan dividirse entre 5.

En esta columna pondremos lo que falta por dividir.

		: 5
691		

En esta, los resultados que obtenemos.

PASO 1

Dividimos 500 entre 5. Nos faltan 191.

		: 5
691	500	100
191		

PASO 2

Hacemos lo mismo hasta que no podamos dividir entre 5.

		: 5
691	500	100
191	100	20
91	50	10
41	40	8
1		

Será el resto.

PASO 3

Sumamos los números de la tercera columna.

		: 5
691	500	100
191	100	20
91	50	10
41	40	8
1		138

Será el cociente.

- Practica con estas divisiones.

982 : 6

343 : 4

6 Calcula el término desconocido.

4 × .... = 844 884 .... : 5 = 34 145 592 866 : 9 = ...

7 Escribe la división que corresponde a cada prueba y resuelve.

68 321 × 3 = 204 963 ↓ 204 963 + 2 = 204 965

8 475 × 6 = 50 850 ↓ 50 850 + 4 = 50 854

No te despistes

- Realiza la división con el método ABN y con cifras.

864 : 3

- Inventa un problema que se resuelva con la división indicada y responda a la siguiente pregunta.

¿Cuántos libros hay en cada clase?

....

....

....

....

3 2 1 |3

Solución:

....

....

....

Me pongo a prueba

- Colorea de verde lo que hayas hecho muy bien, de amarillo lo que hayas hecho bien y de rojo lo que puedas hacer mejor.

  - ○ Compruebo si son correctas divisiones con una cifra en el divisor.
  - ○ Calculo los términos de una división o una multiplicación.
  - ○ Utilizo el método ABN para resolver divisiones.
  - ○ Invento problemas conocida la pregunta y la operación.
  - ○ Realizo los ejercicios propuestos sin ayuda.

4 Operaciones combinadas (multiplicación y división)

Cuando encuentres multiplicaciones y divisiones, tienes que hacer las operaciones de izquierda a derecha.

165 × 35 : 3

PASO 1

	C	D	U
	1	6	5
	×	3	5
	8	2	5
+ 4	9	5	
5	7	7	5

PASO 2

UM	C	D	U	
5	7	7	5	3
2	7			1925
	0	7		
		1	5	
			0	

1 Resuelve las siguientes operaciones combinadas:

9 142 × 31 : 2

75 984 : 3 × 27

1 458 × 76 : 9

2 Calcula y colorea el resultado correcto.

5 478 × 31 : 6	98 545 : 5 × 42	938 × 251 : 2
28 313 / 28 303	827 778 / 828 778	117 719 / 117 818

3 Completa los huecos de las siguientes operaciones combinadas.

____ : 5 × 27 = 11 795 × ____ = ____

____ × 6 : 3 = 32 514 : 3 = ____

4 Une las operaciones combinadas con sus resultados.

6 792 × 17 : 2	109 043
8 514 : 9 × 26	57 732
9 913 × 33 : 3	24 956

5 Tacha los resultados que no sean correctos.

63 872 : 8 × 12	10 482 × 12 : 3	59 283 : 9 × 38
↓	↓	↓
766 464	42 938	250 306

6 Colorea las operaciones con resultados impares.

198 : 3 × 27	455 × 39 : 5	46 137 : 7 × 13

Zona de juegos

- Encuentra en esta sopa de letras los nombres de las partes de una división.

D	I	V	I	D	E	N	D	O	A
A	D	I	V	I	S	O	R	R	F
T	G	M	P	Y	G	Y	K	R	M
R	E	R	J	H	A	W	Q	E	A
D	R	O	S	R	G	B	U	S	U
F	E	C	O	C	I	E	N	T	E
O	D	I	A	C	V	P	S	O	N
L	U	W	E	B	M	L	I	M	L

Toma otro camino

- Divide con el ábaco.

279 : 5

PASO 1

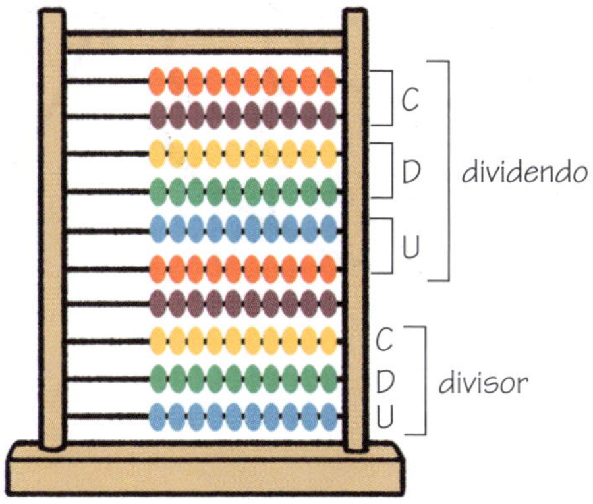

Definimos a qué corresponde cada fila del ábaco.

PASO 2

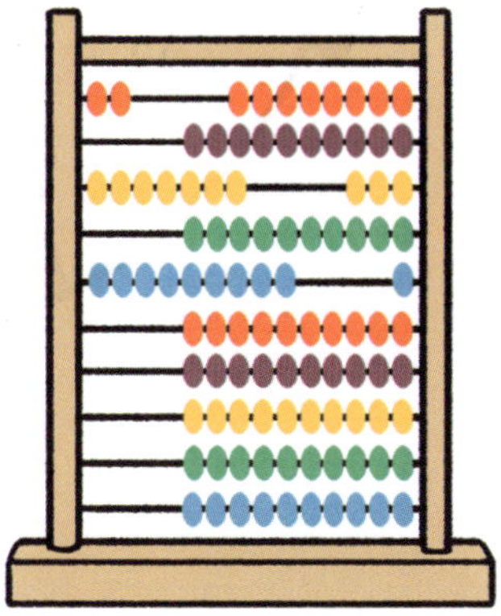

Separamos las centenas (2), las decenas (7) y las unidades (9) del dividendo.

PASO 3

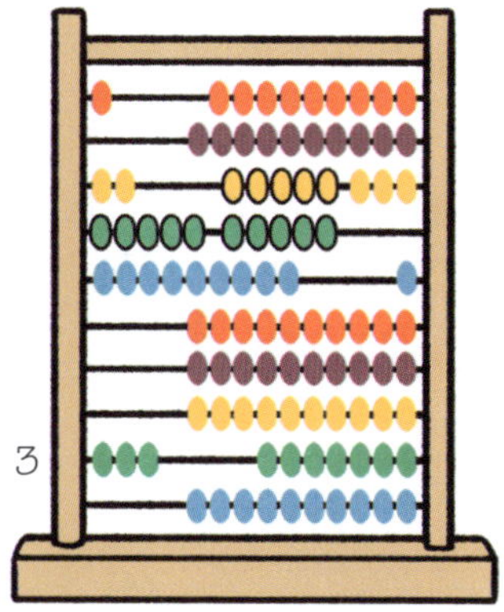

Transformamos 1 centena en 10 decenas. Hacemos 3 grupos de 5 y nos sobran 2.

PASO 4

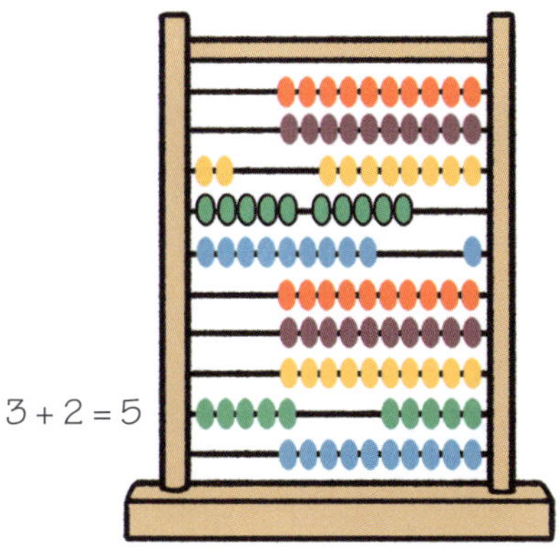

Transformamos la centena que nos faltaba en 10 decenas. Hacemos 2 grupos más de 5 y nos sobran 2.

PASO 5

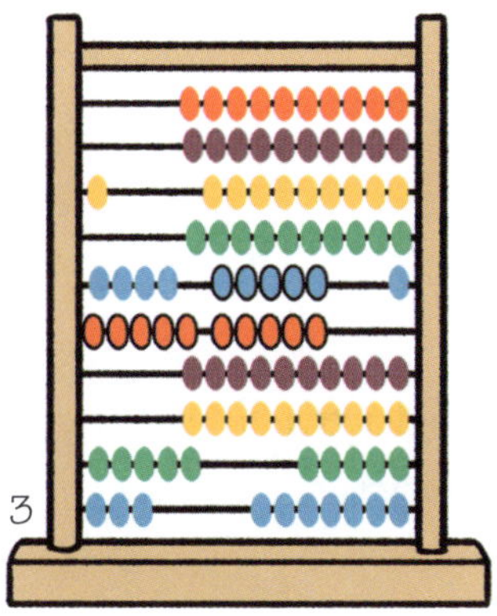

Transformamos una de las decenas que sobran en 10 unidades. Hacemos 3 grupos de 5 y nos sobran 4.

PASO 6

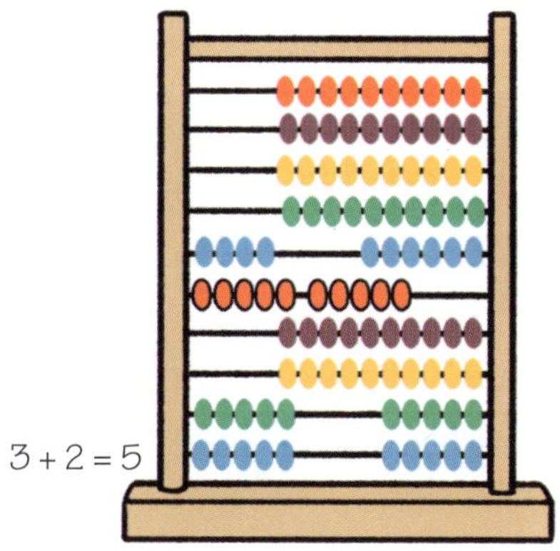

Transformamos la última decena. Hacemos 2 grupos más de 5 y nos sobran 4.
Cociente = 55, Resto = 4

- Utiliza el ábaco para resolver las divisiones.

395 : 4 → Cociente: ☐ Resto: ☐

667 : 7 → Cociente: ☐ Resto: ☐

7 Realiza las operaciones y colorea el dibujo con el código de colores.

- $16 \times 6 : 3 =$ ....
- $2 \times 15 \times 2 =$ ....
- $28 \times 5 : 2 =$ ....
- $504 : 3 : 4 =$ ....
- $28 : 2 \times 7 =$ ....
- $75 : 5 \times 3 =$ ....

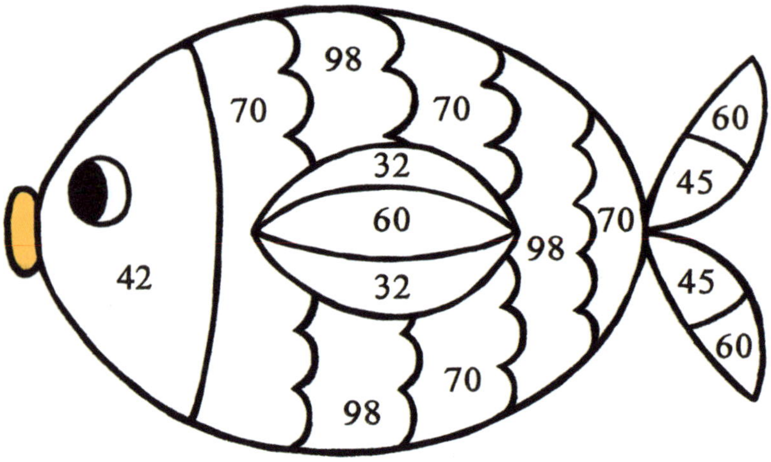

No te despistes

- Divide con el ábaco y con el método tradicional y comprueba que los cocientes y los restos coinciden.

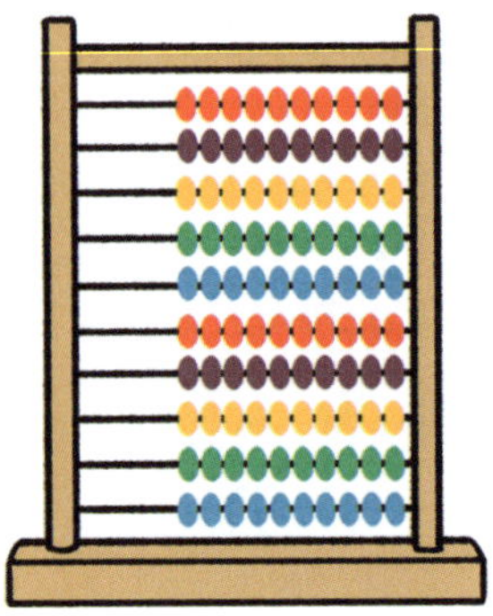

379 : 4

Cociente: ☐ Resto: ☐

- Inventa un problema que se resuelva con la operación dada y su temática sea FÚTBOL.

5982 : 3 = ¿?

....

....

....

....

Solución: .... espectadores.

Me pongo a prueba

- Colorea de verde lo que hayas hecho muy bien, de amarillo lo que hayas hecho bien y de rojo lo que puedas hacer mejor.

○ Realizo operaciones combinadas con divisiones y multiplicaciones.

○ Resuelvo divisiones con el ábaco.

○ Invento problemas dada la operación y el tema.

○ Realizo los ejercicios propuestos sin ayuda.

5 Practico la división (números de hasta seis cifras)

1 Realiza las siguientes operaciones:

558794 | 6

447582 | 6

359145 | 3

449056 | 2

142375 | 4

951875 | 3

2 Realiza las siguientes operaciones y comprueba los resultados:

65 871 : 8	74 372 : 5	90 431 : 4	14 867 : 9

3 Une cada operación combinada con su resultado.

4 364 × 12 : 2		14 546
5 195 : 5 × 14		25 948
6 487 × 32 : 8		26 184

4 Completa la tabla:

Dividendo	Divisor	Cociente	Resto
	5	49 821	3
85 431	3		

Zona de juegos

- Encuentra las cinco diferencias.

5 Resuelve las operaciones y ordena los cocientes de mayor a menor.

75 483 : 6	99 145 : 9	56 382 : 3	87 549 : 4

.... > .... > .... > ....

6 Completa los huecos de las siguientes operaciones.

.... : 5 = 8 705

678 974 : 2 = ...

.... × 2 = 628 516

8 × .... = 41 272

Toca las mates

Utiliza el ábaco y las regletas para resolver la división.

857 : 9

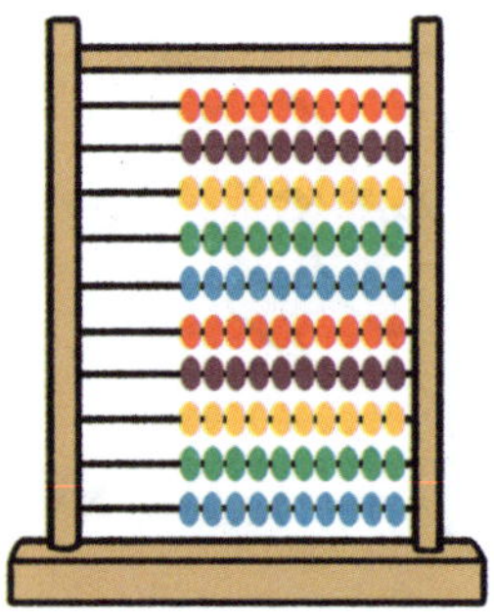

Cociente: ☐

Resto: ☐

- Inventa un problema con los siguientes datos y que se resuelva con una división:

Datos:

64 539 litros de agua.

9 garrafas.

....

....

....

....

....

....

Solución:

....

....

....

Me pongo a prueba

- Colorea de verde lo que hayas hecho muy bien, de amarillo lo que hayas hecho bien y de rojo lo que puedas hacer mejor.

○ Realizo divisiones.

○ Compruebo el resultado de divisiones realizando la prueba.

○ Realizo operaciones combinadas con divisiones y multiplicaciones.

○ Invento y resuelvo problemas.

○ Realizo los ejercicios propuestos sin ayuda.

Mapa visual

Observa y completa con números y palabras.

¿Qué es dividir?

Es .... en

partes iguales.

36 : 6

....

3 6 | 6

☐ ☐

....

Dividir con divisor de una cifra

1 Divido ☐

entre ☐ .

2 Bajo el ☐

y repito con

el resto de cifras.

5932 : 4

Prueba de la división

Una división está bien hecha si:

D = ... × .... + ...

988 : 3

Prueba:

Operaciones combinadas (multiplicación y división)

Tengo que hacer las operaciones de

.... a

....

98 × 12 : 6

Índice

Proyecto Visualmente: Anaya Educación

Contenido: D. Lucini Martel. Edición: Beatriz Fuentes y Joaquín Montón. Corrección: Encarnación Martín. Maquetación: Esperanza Hernández. Ilustraciones: Laura Miyashiro. Diseño: Rubén González. Equipo de Diseño y Gráficos: Paz Franch.

Las **normas ortográficas** seguidas en este cuaderno son las establecidas por la Real Academia Española en la *Ortografía de la lengua española*, publicada en el año 2010.

Nuestras publicaciones mantienen el rigor en el uso y en la selección de los contenidos, en las imágenes y en el lenguaje, para cumplir con la **no discriminación** por razón de género, cultura u opinión.

ISBN: 978-84-698-3176-2 - Depósito Legal: M-1829-2017 - Printed in Spain.

ET032003/1E1I - 1002053